L'ART-DIDACTIQUE SCIENTIFIQUE

OU

NOUVELLES

MÉTHODES RATIONNELLES

GÉNÉRALES, SCIENTIFIQUES

ANALYTIQUES, SYNTHÉTIQUES

GRAPHIQUES & NATURELLES

OU GUIDES PRATIQUES

RAISONNÉS

Facilitant l'étude de toutes les Sciences.

Méthodes dressées en 1871 par

M. Albert COLLIN, Ingénieur

Professeur de Sciences Mathématiques, ancien Officier, à Rouen

La vraie Science n'est pas au sommet d'un roc abrupt et stérile, Elle se trouve au contraire dans une belle et fertile vallée dans laquelle on pénètre par des pentes douces, et où tout fleurit et fructifie.

A. COLLIN

Méthodes conformés aux nouveaux Programmes Officiels

Ouvrage approuvé et adopté par l'Université (Décembre 1882)

indispensable pour apprendre facilement, bien, vite et avec fruit,

toutes les Sciences.

Onzième Edition

M. A. COLLIN, Editeur, 11, Rue St-Gervais, Rouen

NOUVELLE
MÉTHODE RATIONNELLE

POUR L'ENSEIGNEMENT ET L'ÉTUDE

DE

L'HISTOIRE UNIVERSELLE

PAR **A. COLLIN**, PROFESSEUR,

Membre de plusieurs Sociétés savantes

On sait le mal que se donnaient jusqu'à présent les jeunes gens pour apprendre l'*Histoire*.

On sait qu'ils arrivaient aux examens la tête bourrée de *faits* et de *dates* qu'ils oubliaient facilement parce qu'ils n'avaient fait que des efforts *exclusifs* de **mémoire** sans avoir coordonné leurs idées d'une manière rationnelle.

Que leur restait-il généralement quelques années après leur sortie du Lycée de ces connaissances acquises si péniblement ?

Savoir par cœur n'est pas savoir, a dit *Montaigne* dont on ne saurait trop méditer les écrits.

Pourquoi ce développement exagéré de la *Mémoire* dans l'étude de l'*Histoire* ?

Pourquoi n'apporterait-on pas dans cette étude comme dans les autres *Sciences* le concours dans leur ordre *logique* de toutes les *opérations* de l'**entendement** ?

Pourquoi ne frapperait-on pas en même temps l'*intelligence* et les *yeux*, si c'est possible ?

Ce grand problème, qui paraît complexe à première vue, a été résolu de la manière la plus simple par la *méthode rationnelle* dont M. COLLIN est l'auteur.

Quoi de plus simple en effet que d'écrire dans un *ordre uniforme* et *invariable* tous les faits historiques en suivant un plan général fixe marquant d'avance la *place* de chacune des parties du sujet, rappelant sans cesse ses premiers *linéaments*.

A la base de la *Méthode* est l'*analyse* de la *pensée* guidée par la *logique* qui conduit naturellement à l'*ordre* et l'*arrangement* dans les connaissances historiques qu'on embrasse dès lors comme dans une seule vue.

La *Méthode rationnelle* repose sur des *Bases invariables*. Les grandes lignes qui y sont tracées et servent de repères forment l'ossature d'un *Tout harmonique*: L'*unité*, l'*homogénéité* du *système* en forment véritablement l'*Édifice* complet de la **Science historique** reposant sur des *fondements inébranlables* (1).

Dans son ensemble comme dans ses détails ce plan imite l'*image* de l'Histoire dans sa *marche* et dans son **Travail** avec toute la précision désirable : il réunit et enchaîne tous les faits pour en former un *faisceau unique*.

On pourrait encore l'assimiler à un *crible classificateur* conduisant très simplement à l'*échiquier* de l'*Histoire* dont les grands *jalons* sont placés comme des *Phares* destinés à en éclairer la marche.

Frappant en même temps l'*intelligence* et les *yeux*, ce *système rationnel* montre le *Jeu* et la *Morale* de l'*Histoire* qui s'apprend par ce moyen, même en récréation.

Les *choses!* Montrez les *choses!* a dit J.-J. Rousseau.

Il résulte de l'emploi de la *Méthode rationnelle* que ce n'est plus la **mémoire** qui joue le rôle prédominant dans l'étude de l'Histoire.

Attirant l'*attention*, elle met spontanément en activité les *opérations* de l'**entendement** dans leur ordre *logique* : elle oblige à *réfléchir*, à *voir*, à *comprendre*, et par suite laisse dans l'esprit des traces indélébiles des connaissances historiques comme de toutes les *vérités scientifiques*.

Le savoir *mnémotechnique* a vécu pour faire place au savoir *conceptif* qui seul est durable ;

un grand progrès a été réalisé.

---

(1) La méthode rationnelle s'applique à l'*Histoire* de tous les *Peuples*.

L'autorisation de sa traduction en plusieurs *langues européennes* a déjà été demandée à l'auteur.

L'Association scientifique de France, l'Association philotechnique de Paris, des Sociétés savantes d'un grand nombre de villes de France ont vivement recommandé la *Méthode rationnelle* pour l'étude de l'*Histoire, science* qui intéresse à un si haut point l'*instruction* et l'*éducation* de la jeunesse.

———

A la suite du *succès* déjà obtenu par la *Méthode rationnelle* pour l'étude de l'*Histoire, méthode* qui répond complétement à l'esprit de réforme que l'**Université** poursuit en *provoquant* dans tous les ordres de l'enseignement comme dans l'étude des *Sciences*, le développement de toutes les *facultés intellectuelles* aux lieu et place du développement exagéré donné autrefois à la *mémoire*, l'auteur a fait **Donation** à l'**État** d'une série d'exemplaires de son ouvrage pour chaque Lycée et Collége de France.

———

L'auteur a dé[...] sieurs Professe[...] rédigée suiva[...] *rationnelle.*

(Tous les

L'auteur adr *Méth. de ratio* lui en font la Riboudet, 32[...] times en timb[...] de l'envoi.

Nota. — L'ou[...] élèves des class[...]

muni de sa

F

Se trouve [...]

Les demar[...] à **M. COLI**

[...]ROGRÈS [...]SÉ PAR LA

L'HIS

[...]Mem

[...]e se donnaien[...] [...]pprendre l'*His*[...] [...]vaient aux e [...]qu'

OGRÈS
SÉ PAR LA

L'HIS

I

Mem

se donnaien
prendre l'*His*
vaient aux e
qu'

UNE

GRANDE DÉCOUVERTE:

LA

MÉTHODE RATIONNELLE

DE

L'HISTOIRE UNIVERSELLE

QUI EST DANS LA

SCIENCE HISTORIQUE

CE QUE SONT LES

MÉTHODES DE CLASSIFICATION

Dans les Sciences NATURELLES, CHIMIQUES, PHYSIQUES, etc., etc.

Chaque Science a sa méthode de classification qu'elle doit:

La **BOTANIQUE** à Antoine-Laurent DE JUSSIEU

ZOOLOGIE George CUVIER

MINÉRALOGIE HAUY, *Brongniart*

GÉOLOGIE Élie DE BEAUMONT

CHIMIE LAVOISIER, *Thénard, Dumas, etc.*

MÉCANIQUE Robert WILLIS

etc., etc., etc.

L'HISTOIRE UNIVERSELLE

a aussi la sienne dont les principes sont exposés dans un ouvrage publié

PAR

M. A. COLLIN, Professeur

MEMBRE DE PLUSIEURS SOCIÉTÉS SAVANTES

Par cette méthode, l'on montre à l'enfance,
Même en récréation, l'HISTOIRE DE FRANCE.

OBSERVATOIRE DU MONT-RIBOUDET

(La MÉTHODE RATIONNELLE de l'Histoire est aussi indable que les Méthodes de classification dans les Sciences.)

On sait le mal que se donnaient jusqu'à présent les jeunes gens pour apprendre l'*Histoire*.

On sait qu'ils arrivaient aux examens la tête bourrée de *faits* et de *dates* qu'ils oubliaient facilement parce qu'ils n'avaient fait que des efforts *exclusifs* de **mémoire** sans avoir coordonné leurs idées d'une manière rationnelle.

Que leur restait-il généralement quelques années après leur sortie du Lycée de ces connaissances acquises si péniblement?

Savoir par cœur n'est pas savoir, a dit *Montaigne* dont on ne saurait trop méditer les écrits.

Pourquoi ce développement exagéré de la *Mémoire* dans l'étude de l'*Histoire*?

Pourquoi n'apporterait-on pas dans cette *Science* comme dans les autres *Sciences* le concours dans leur ordre logique de toutes les opérations de l'**entendement**?

Pourquoi ne frapperait-on pas en même temps l'*intelligence* et les *yeux*, si c'est possible?

Ce grand problème, qui paraît complexe à première vue, a été résolu de la manière la plus simple par la *méthode rationnelle* dont M. COLLIN est l'auteur.

Quoi de plus simple en effet que d'écrire dans un *ordre uniforme* et *invariable* tous les faits historiques en suivant un *plan général fixe* marquant d'avance la *place* de chacune des parties du sujet, rappelant sans cesse ses *premiers linéaments* (1).

A la base de la *Méthode* est *l'analyse* de la *pensée* guidée par la *logique* qui conduit naturellement à l'*ordre* et l'*arrangement* dans les connaissances historiques qu'on embrasse dès lors comme dans une *seule vue* (2).

La *Méthode rationnelle* repose sur des *Bases invariables*. Les grandes lignes qui y sont tracées au moyen de repères forment l'ossature d'un *Tout harmonique*. L'unité, l'homogénéité, l'infinité du système forment l'*Édifice* complet de la *Science historique* reposant sur des *fondements inébranlables*.

Dans son ensemble et dans ses détails ce *plan* imite l'image de l'*Histoire* dans sa **marche** et dans son **travail** avec toute la précision désirable : il réunit et enchaîne tous les faits pour en former un *faisceau unique*.

On pourrait encore l'assimiler à un *crible classificateur* conduisant très simplement à l'*échiquier* de l'*Histoire* dont les grands *Jalons* sont placés comme des *Phares* destinés à en éclairer la marche.

La *Méthode rationnelle* frappe en même temps l'*intelligence* et les *yeux*, montre le *Jeu* et la *Morale* de l'*Histoire* qui s'apprend même en récréation.

Les choses! Montrez les choses! a dit J.-J. Rousseau.

(1) Voir BUFFON (*Discours sur le style*).
(2) Voir FÉNELON (*Préceptes et Jugements littéraires*).

Il résulte de l'emploi de la *Méthode rationnelle* que ce n'est plus la **mémoire** qui joue le rôle prédominant dans l'étude de l'Histoire.

Attirant l'**attention**, elle met spontanément en activité les *opérations* de l'**entendement** dans leur ordre *logique* : elle oblige à *réfléchir*, à *voir*, à *comprendre*, et par suite laisse dans l'esprit des traces indélébiles des connaissances historiques comme de toutes les *vérités scientifiques*.

Le savoir *mnémotechnique* a vécu pour faire place au savoir *conceptif* qui seul est durable;

un grand progrès a été réalisé. (1)

L'Association scientifique de France, *l'Association philotechnique* de Paris, des *Sociétés savantes* d'un grand nombre de villes de France ont vivement recommandé la *Méthode rationnelle* de l'Histoire, méthode qui rend dans cette *Science* les mêmes services que ses devancières dans les autres *Sciences*.

A la suite des services rendus par la *Méthode rationnelle* pour l'étude de l'*Histoire*, méthode qui répond en outre à l'esprit de réforme que l'**Université** poursuit en provoquant dans tous les ordres de l'enseignement (comme dans l'étude des *Sciences*), le développement de toutes les *facultés intellectuelles* au lieu et place du développement exagéré donné autrefois à la *mémoire* (2), l'auteur a fait **Donation** à l'**État** d'une série d'exemplaires de son ouvrage pour chaque Lycée et Collège de France.

L'auteur a entrepris en collaboration avec plusieurs Professeurs l'exécution de l'*Histoire universelle* rédigée suivant les *bases* de la *Méthode rationnelle*.

(Tous les droits de publication sont réservés.)

~~MM. les Professeurs qui désirent collaborer à cet ouvrage s'adressent à l'Auteur qui leur fait part du mode de répartition adopté.~~

L'ouvrage, relié, est adressé à MM. les Professeurs qui en font la demande par lettre affranchie avec mandat-poste de ■ francs.

NOTA. — L'ouvrage est mis aujourd'hui entre les mains des élèves dès leur entrée dans les classes de *grammaire*, et leur sert jusqu'à la fin de leurs études.

L'ouvrage muni de sa **reliure mobile** (système breveté en France et à l'Étranger), Prix : ■ francs.

SE TROUVE DANS TOUTES LES GRANDES LIBRAIRIES.

Les demandes sont adressées à ROUEN,
à M. COLLIN, AVENUE DU MONT-RIBOUDET, 324.

(1) La *Méthode rationnelle* s'applique à l'*Histoire de tous les Peuples*.
L'autorisation de sa traduction en plusieurs langues européennes a été demandée à l'auteur.

(2) Voir les *Circulaires ministérielles* relatives à ce sujet.

EXTRAIT du *Rapport de l'Académie* de Rouen.

« Cette œuvre, d'un très grand mérite, présente des combinaisons très ingénieuses en même temps que très philosophiques. Aussi, l'Académie estime-t-elle que la **Méthode rationnelle** doit être recommandée à la plus sérieuse attention des **Autorités Universitaires.** »

EXTRAIT du Journal général de *l'Instruction publique*, du 20 Janvier 1882, et du Bulletin pédagogique d'enseignement secondaire, du 2 Février 1882 :

« C'est grâce aux procédés graphiques : *Diagrammes, Cartogrammes*, etc., que l'on est arrivé à rendre si facile la lecture des *lois physiques, économiques*, etc., etc., dans toutes les branches des *Sciences*.

» C'est en s'appuyant sur les mêmes principes que l'Auteur de cette Méthode a imaginé de présenter l'HISTOIRE DES NATIONS sous forme de *tableaux analytiques et graphiques* traduisant d'une manière *symbolique* les récits des Historiens. Cette méthode possède un caractère puissant *d'investigation*. Elle embrasse la *Politique* et les *Œuvres individuelles* des hommes et forme dans son ensemble :

» *L'Exposition méthodique et synoptique des œuvres humaines* depuis les temps les plus reculés jusqu'à nos jours.

» Des *Diagrammes* très simples représentent les opérations militaires (1).

L'*Histoire* mise sous forme de *Tableaux analytiques* se présente dès lors avec toute la *clarté* et la *précision désirables*, et donne une traduction plus fidèle de la complication qui existe souvent dans les *conflits* où les *hommes* se sont engagés.

» **Les Professeurs d'Histoire** ont reconnu les *avantages considérables* de la *Méthode rationnelle*, remarquable par son *unité*, sa *simplicité*, sa *clarté*, sa *précision*, son *esprit philosophique* : ils s'en servent comme *Vade mecum*.

» Pour les élèves, la méthode est un puissant moyen de *cohésion* et de *fixité* des connaissances historiques : ils acquièrent, en construisant ces *tableaux*, l'esprit d'ordre, de *classification* et de *méthode*, indispensable dans toute étude bien ordonnée, condition *sine qua non*, pour arriver à posséder d'une manière parfaite les parties constitutives de toute science. »

EXTRAIT de l'Instruction publique, *Revue des Lettres, Sciences et Arts*, du 18 février 1882 :

« Les Professeurs se demandent parfois comment il se fait qu'après tant d'années passées sur les bancs

(1) *Les Officiers* les plus distingués sont unanimes à reconnaître que la *Méthode rationnelle* s'applique exactement à l'étude de l'**Histoire militaire**, l'auteur ayant dans ce but donné des indications spéciales dans un *Supplément* qui va paraître prochainement, pour les élèves des Écoles Militaires.

du collège les élèves arrivent à la fin de leurs classes sans savoir un mot d'Histoire? S'ils savent de l'Histoire, comment la savent-ils? *Leur tête est bourrée de dates et de faits incohérents, et, si la matière s'y trouve, l'ordre manque complètement.* Cet état de choses a frappé un Professeur, M. A. COLLIN, qui a publié à la librairie E. Lacroix un ouvrage intitulé : *Nouvelle Méthode rationnelle* pour l'enseignement et l'étude de l'HISTOIRE UNIVERSELLE.

» La Méthode rationnelle se recommande à la sérieuse attention de MM. les Professeurs d'Histoire. Nous la recommandons vivement aux élèves des classes supérieures des Lycées et Collèges.

» L'HISTOIRE, comme toute *science*, peut se ramener à un certain nombre de *grandes lignes* qui guident dans la marche au travers des *événements* multiples et des *œuvres* de toute sorte que la suite des *temps* nous présente. Et pour obliger l'élève à suivre la Méthode, quoi de plus simple et de plus infaillible à la fois qu'un *Tableau* lui montrant, en peu de mots et d'une manière précise, les *sources* et les *résultats*, l'*origine* et la *fin des événements historiques*.

» Jusqu'à présent le travail de l'élève se réduisait à bien peu de choses ; nonchalamment penché sur sa table, il parcourait d'un œil distrait le résumé de l'Histoire ancienne ou contemporaine, un peu effarouché par des dates et des mots qui ne lui disent pas grand chose. M. COLLIN pense comme nous qu'un travail personnel peut seul donner des résultats satisfaisants. Les *Tableaux* sont pour l'**Histoire** ce que sont pour la **Géographie** les *cartes muettes* : le *plan* est fait et les divisions y sont indiquées d'une manière permanente. Pendant que le Professeur fait son cours, l'élève note au fur et à mesure, sous une forme précise et méthodique, les faits qu'on lui met sous les yeux. Il arrive à avoir, à la fin de chaque année, une suite de tableaux rédigés par lui-même, dont l'attrait est pour lui bien grand, puisqu'il en est le véritable auteur, et qui lui permettent de repasser avec *fruit* en quelques heures toute la matière de son examen : *la meilleure garantie du succès s'obtient par l'ordre et le soin apportés dans l'étude*, et ces qualités, *les élèves les acquièrent rapidement par l'usage de la* **Méthode analytique** *qui conduit naturellement à la* **Synthèse** *de l'Histoire.* »

EXTRAIT du Bulletin pédagogique d'Enseignement secondaire, du 10 Août 1882.

ACTES DE LA SOCIÉTÉ
pour l'étude des questions d'enseignement secondaire.

« M. BEAUSSIRE communique à la Société une lettre de M. COLLIN dans laquelle il recommande à l'attention de la Société la *Méthode rationnelle* pour l'étude de l'Histoire, à cause des *avantages* qu'elle procure et pour des considérations *philosophiques* qu'il expose.

Qu'est-ce que l'Histoire ?

» Comme M. Flint (1), M. Collin voit que parmi les divers *systèmes philosophiques* sur lesquels a été fondé l'enseignement de l'*Histoire* aucun n'est la continuation d'un autre : leur base manque de solidité.

» **Qu'est-ce que l'Histoire ?**

» Les descriptions qui en ont été données jusqu'à ce jour sont toutes plus ou moins *allégoriques.*

» Pourquoi l'Histoire n'aurait-elle pas, comme toute autre science, une *Définition claire, précise, réciproque* et *spécifique ?*

» Tel est le *Desideratum* qui s'impose naturellement aujourd'hui.

» M. Collin donne la *Définition* suivante :

» L'*Histoire* est la *Science* du **Travail** accompli à travers les **Ages** par la *grande Humanité.*

» Cette *définition rigoureuse*, M. Collin la symbolise dans ses *attributs* par deux lignes droites infinies qui se coupent :

$$\text{TRAVAIL}$$

$$\text{Le} \quad | \quad \text{TEMPS}$$

(. . . . *fugit irreparabile* **Tempus.** Virg.)

» Telles sont les **bases scientifiques** de l'*Histoire,* **Bases** *naturelles, constantes, nécessaires, connexes, infinies.*

» C'est par rapport à ces **Bases** que doivent s'écrire toutes les connaissances historiques qui se trouveront ainsi coordonnées dans un *Tout harmonique* formant l'*Édifice complet* de la **Science historique.**

» Telles sont aussi les **Bases** de la *Méthode rationnelle* qui en trace les premiers linéaments.

» Or, l'*Histoire* est à sa base une *science d'observation,* puis une *science morale.* La méthode qui lui convient doit donc être à la fois

expérimentale et *rationnelle,*
analytique et *synthétique,*

pour arriver, en étudiant la réalité, à découvrir par voie d'*induction* la nature des *principes* qui la gouvernent.

» *Observer, analyser, synthétiser, classer,* telle est la *loi générale* de formation de toute *Science d'observation,* telle doit être aussi celle de la *Science historique.*

» Elle exige donc le concours de toutes les *opérations de l'entendement :*

» 1º L'attention — pour observer et analyser ;

» 2º La comparaison — pour synthétiser et généraliser ;

» 3º Le jugement — pour établir le rapport des idées historiques ;

» 4º Le raisonnement — pour allier ces rapports et former la chaîne continue des connaissances historiques ;

» 5º La mémoire — pour les conserver en les symbolisant ;

» 6º L'association des idées — pour les grouper, les classer d'une manière uniforme et rationnelle et en faciliter la réminiscence ;

» 7º L'imagination — pour les combiner et arriver à découvrir les lois de leur connexité.

» L'**Histoire** comme *science morale* et *politique* a pour but : d'étudier les **lois** de la *transmission* et de la *réaction réciproque* des *faits* et *travaux élémentaires* qu'elle a constatés comme *science d'obs*vation.

» C'est en repassant par les mêmes *phases intell*tuelles que dans ces Sciences on cherche à atteind le *But* suprême : tirer de la connaissance du **Pass** des *règles de conduite* pour l'**Avenir**, l'*Huma* accomplissant, par le **Travail**, sa *Destinée* qui es entre les mains de la *PROVIDENCE.* »

EXTRAIT du Discours prononcé à la Sorbon par M. Zévort, Conseiller d'État, Inspect général de l'enseignement supérieur, Direc de l'enseignement secondaire ; à la Distribu des prix des Lycées et Colléges de Paris et Versailles, le 2 Août 1882.

. . . .

» La **Méthode nouvelle** . . . . véritable sys social, s'impose à une *société* qui ne peut vivre et gresser qu'à la condition de *penser librement,* de réfléchir et de *se rendre compte* . . . .

» Elle considère l'enfant non pas comme une tière à façonner et à pétrir, mais comme une *for* *active* dont il faut se borner à favoriser l'épanouissement. Elle procède du *fait* à la *règle,* du *simple* au *complexe.* Elle prépare l'élève à bien *voir,* à comprendre, à *juger* dans la limite de ses forces.

» Elle le conduit sans effort, en abordant graduellement ce qui est à sa portée, à contracter des habitudes de *réflexion* et d'ordre qui deviendront plus tard la règle de sa vie.

» Elle donne à la *mémoire* le sol qui lui convient celui d'*utile auxiliaire* et non de *faculté maîtresse* prédominante.

» Elle considère comme dangereux et contre nature tout exercice dans lequel l'*activité pensante* dépense sans rien acquérir. Elle se garde enfin de fatiguer l'esprit et de fausser les ressorts par une tension trop prolongée. Pour tous les âges, pour tous les *ordres d'études,* le procédé est le même sous les diversités apparentes de la forme : **On enseigne** **penser.** (Applaudissements.)

» Cultivez de bonne heure le *jugement,* le *sens* d vrai ; développez par le *travail,* la *réflexion,* l'*ordre* cette personnalité sans morgue mais sans défaillance qui seule fait l'*homme* vraiment digne de ce nom. (Applaudissements.)

---

(1) Auteur de plusieurs ouvrages sur la Philosophie de l'Histoire.

Nous avons eu l'honneur d'adresser à l'Académie de Rouen un ouvrage intitulé :

Méthode rationnelle
pour l'enseignement et l'étude
de l'Histoire universelle.

L'Académie de Rouen a bien voulu désigner une Commission pour examiner notre travail.

La Commission a adressé à l'Académie un rapport avec la mention suivante :

« Cette œuvre d'un très-grand mérite, présente des combinaisons »
« très-ingénieuses en même temps que très-philosophiques. »

« Aussi la Commission estime-t-elle que cette Méthode rationnelle »
« Doit-être recommandée à la plus sérieuse attention des Autorités »
« Universitaires. »

« Je suis heureux, Monsieur, d'être l'interprète de la Commission
« académique pour vous transmettre le résumé de ce rapport qui a été
« adopté par l'Académie.

« Le Secrétaire de la Section des Lettres et des Arts.
« Decorde. »

Honoré d'une mention aussi flatteuse et cédant aux instances de plusieurs personnes éclairées, qui voient dans cette méthode un moyen précieux de faciliter et d'étendre les connaissances historiques, nous nous sommes décidé à la publier.

Cette méthode rationnelle se recommande particulièrement à MM. les Professeurs d'Histoire.

Corrections et Additions.

Page 5. Ligne 14. Lire: Scientia veri quæ ducit ad bonum.

5 dernière. Lire: les élèves à analyser les leçons d'Histoire sur ....

6 1ère et 2ème Lire: Les élèves munis de papier quadrillé, pourront une fois exercés, en suivant le discours du Professeur, inscrire ....

12 8 Ajouter: Au dessous des Noms des Généraux sera inscrit l'effectif de l'armée.

17 " Ajouter: Le Tableau général A présente le Type de la Synthèse générale historique.

Les teintes y sont apposées par les élèves, sur les zônes indiquant les Parties et les Epoques historiques.

Les Tableaux B et C présentent l'analyse historique ou philosophique (questionnaire d'entrée suivant l'ordonnée) et forment en même temps Chemise de Dossier, pour contenir les feuilles de papier quadrillé (en main) détachées les unes des autres, superposées, au recto seul des quelles se font les inscriptions, de manière qu'en les assemblant ensuite avec des bandes de papier gommé collées aux rives verticales du verso, on ait sur un même Tableau la suite continue d'une Epoque historique.

A chacun de ces Tableaux sera annexée, lorsqu'il y aura lieu, une retombe contenant l'analyse spéciale des faits non compris dans l'analyse générale.

Une Reliure mobile ou Carton Collectionneur Breveté S.G.D.G réunit exactement toutes les parties de l'ouvrage quelles que soient les variations de l'épaisseur. Ce système de Reliure mobile sert à collectionner les fascicules des ouvrages qui paraissent par livraisons, et en général les Dossiers dont l'épaisseur est variable.

19 Ajouter: Cette disposition a pour but de réduire la dimension horizontale des Tableaux

Au lieu de Evènements, lire Evénements.

Trente-quatre feuilles.

Préface.

L'idée d'une méthode pour l'étude de l'Histoire nous a été suggérée par la difficulté bien connue qu'éprouvent généralement les jeunes gens, dans le cours de leurs études, à donner au récit des faits historiques toute la précision désirable.

Ils arrivent généralement aux examens la tête bourrée de faits et de dates qu'ils oublient facilement parce qu'ils n'ont fait généralement qu'un effort de mémoire sans avoir eu le loisir de coordonner leurs idées.

L'Histoire est une science où en apprenant les actions des hommes, on doit judicieusement faire ressortir ce qu'ils ont fait de bien et de beau et mettre en évidence le mal et les calamités qu'ils ont causés directement ou indirectement à la Société.

L'Histoire envisagée à ce point de vue, philosophique, pourrait par extension recevoir comme la philosophie elle-même, cette ancienne et belle définition : Sciencia veri quæ ducat ad bonum.

L'étude de l'Histoire ne nous sera fructueuse qu'autant que nous y aurons puisé le discernement du bien et du mal, et alors, elle sera pour nous comme l'a si bien dit Cicéron : Lux veritatis, magistra vitæ, Historia est.

Pour habituer de bonne heure les jeunes gens à formuler clairement leur pensée sur les évènements historiques, il faut pour ainsi dire disséquer chacun d'eux suivant sa nature, en ses différentes parties constitutives, puis ensuite par voie de synthèse établir la corrélation intime qui existe entre chacune d'elles. En d'autres termes, on doit chercher pour attirer l'attention et fixer les idées, à symboliser d'une manière méthodique les récits de nos grands historiens.

La méthode que nous proposons pour arriver à ce résultat, obligera le Professeur à analyser au préalable sa thèse sur des tableaux préparés

— 6 —. Les élèves munis de tableaux identiques, en suivant le discours du Professeur, inscriront au crayon à la place convenable les noms qui forment l'analyse des évènements historiques exposés. Ils retoucheront définitivement leurs tableaux suivant les prescriptions de la Méthode.

De cette manière, les notes informes que les jeunes gens prenaient généralement jusqu'à ce jour, seront remplacées par un résumé méthodique qu'ils seront heureux de conserver toute leur vie, car ils auront ainsi le criterium symbolique de l'Histoire fait par eux, souvenir précieux de leurs années d'étude.

Qu'on nous permette d'exprimer l'espoir d'avoir fait ainsi une œuvre utile à tout le monde.

Les Professeurs trouveront dans l'emploi de cette méthode un memento qui leur permettra de développer leur thèse avec la certitude de n'en omettre aucune de ses parties.

Les Élèves en suivant avec ces tableaux le discours du Professeur, verront de suite comment les évènements historiques se classent et s'analysent selon leur nature, ce qui leur permettra d'en suivre plus facilement les différentes phases, et enfin d'en déduire les rapports intimes, synthèse qui conduit naturellement à la Philosophie de l'Histoire.

Nous espérons enfin que l'Histoire des peuples, mise ainsi sous forme de tableaux analytiques, se présentera avec toute la clarté et la précision désirables, et donnera une traduction plus fidèle de la complication qui existe souvent dans les conflits où les hommes se sont engagés.

Exposé de la Méthode.

Les évènements historiques depuis les temps les plus reculés jusqu'à nos jours peuvent-être soumis à une analyse uniforme.

Nous nous proposons de présenter l'Histoire des peuples sous une forme telle, que l'exposé méthodique des faits de toute nature, accompli par eux, soit consigné dans un tableau à double entrée formé d'après le principe suivant :

1°– L'Ordonnée à l'origine est décomposée suivant l'analyse générale des Évènements accomplis;

2°– L'abscisse horizontale est décomposée chronologiquement (l'année étant prise pour unité).

Le tableau général A donne l'indice de cette double décomposition.

Tous les faits historiques auront ainsi leur consignation marquée à l'intersection de deux droites :

1° L'une horizontale issue de la désignation de la nature générale du fait auquel chacun d'eux se rattache,

2° L'autre verticale, issue de la désignation de l'année où le fait a eu lieu.

Nous formulerons ainsi d'une manière générale l'esprit de la méthode rationnelle que nous proposons :

1º Suivant l'ordonnée : Analyse des Évènements en faits élémentaires depuis leur source jusqu'à leurs Résultats, ou décomposition en ses différentes parties d'une Dénomination générale.

2º Suivant l'abcisse : Indication chronologique des faits suivant leur nature, sur chaque ligne horizontale, depuis leur Origine jusqu'à leur fin.

De cette double décomposition, on en déduira la synthèse complète d'un Évènement historique.

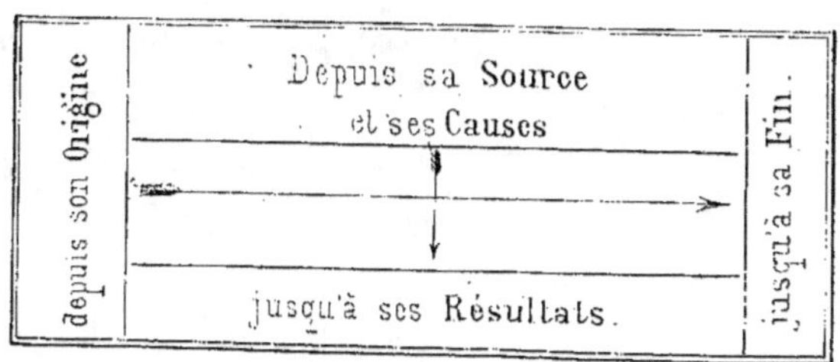

Entrons maintenant dans quelques détails sur le mode d'Analyse qui convient à chacune des coordonnées.

1º Analyse historique suivant l'ordonnée.

L'Histoire universelle, ou Exposé des Évènements accomplis par les hommes, et des Œuvres qu'ils ont créées, se décompose d'abord en deux catégories :

1º L'Histoire des Hommes pris collectivement, ou la Politique ;

2º l'Exposé des Œuvres intellectuelles et matérielles des Hommes.

Le tableau général A se décompose ainsi suivant

l'ordonnée, en deux tableaux B et C qui correspondent chacun à ces deux catégories.

Tableau B. [1]

Ce tableau présente l'exposé des Évènements qui se rattachent à

la Politique { 1° intérieure.
{ 2° extérieure.

Chacune de ces divisions se décompose en différentes parties, et ces parties sont analysées chacune suivant leur nature.

On obtient la décomposition générale suivante :

Politique {

Intérieure :
- Dynastie régnante.
- ou Gouvernement de ......
- Organisation gouvernementale.
- Situation générale
- Évènements généraux.
- Faits divers
- Guerres ou conflits.
- Situation religieuse.

Extérieure :
- Évènements généraux.
- Faits divers.
- Guerres.
- Diagramme des opérations militaires.
- Situation comparative des États.

[1] Ce tableau a été divisé en 3 parties indépendantes, pour être plus portatif et plus maniable.

Chacune des parties qui viennent se grouper sous les Dénominations générales qui précèdent sont à leur tour analysées suivant leurs divers éléments constitutifs, ainsi que l'indique le tableau B.

Les divers Evènements analysés mettent en évidence les faits élémentaires de toute nature qu'ils comprennent.

Réciproquement, l'ensemble d'un certain nombre de faits élémentaires concourant vers le même but final, forment la synthèse historique d'un Evènement analysé depuis sa Source jusqu'à ses Résultats.

Tableau C. [1]

Ce tableau intitulé : Œuvres des Hommes présente par groupes et dans leurs différentes ramifications, l'exposé des :

Œuvres { Littéraires. Scientifiques. Philosophiques. Artistiques. Industrielles. &c.

La désignation de chaque œuvre porte en regard le nom de son Auteur.

Cette analyse poussée jusqu'à sa dernière limite ou Spécialité, établira la classification complète des œuvres humaines.

[1] Ce tableau a été divisé en 5 parties indépendantes pour être plus portatif et plus maniable.

2°. Analyse chronologique suivant l'abscisse.

Tableau B.

La suite chronologique des faits élémentaires de même nature écrits sur chaque horizontale permet de suivre les différentes phases des Évènements depuis leur Origine jusqu'à leur fin.

La désignation du Règne ou de la forme gouvernementale pendant lesquels se sont accomplis divers Évènements, embrasse en tête du tableau leur suite chronologique.

L'analogie que plusieurs Règnes consécutifs ont présentée, les a fait réunir sous la dénomination commune d'Époque historique.

L'ensemble de plusieurs Époques dont l'origine et la fin ont été marquées par de grands Évènements, forment une des Parties de l'Histoire que nous étudions.

Telle est la Synthèse chronologique.

Nous donnons invariablement

aux Parties
aux Époques } de l'Histoire

des couleurs conventionnelles caractérisant leur succession chronologique, conforme au tableau ci-dessous :

Bleu.	Rouge.	Vert	Jaune
1	2	3	4.

Chaque époque forme un tableau continu (se pliant en paravent) avec ses couleurs de classification.

La continuité des périodes de guerre sera rendue apparente de visu par une teinte Rouge passée sur la zône des Évènements qui s'y rattachent—, les périodes de paix conservant dans chaque tableau la couleur conventionnelle de leur Époque.

Les noms des Hommes de pays différents qui concourent ensemble dans un conflit ou une guerre, seront écrits en couleurs : une légende annexée au tableau indiquera la concordance des couleurs avec les pays qu'elles représentent—

Dans chaque Pays dont on fait l'Histoire, le Résultat de chaque bataille ou conflit sera indiqué dans la zône qui lui est réservée, d'abord par les signes suivants, représentant— :

V	∧	‖
Victoire.	Défaite.	Résultat incertain.

puis définitivement, la zône des noms des Généraux ou Chefs de partis recevra :

Le Victorieux la couleur Orange.

Le Vaincu la couleur Bistre.

Dans le cas de Résultat indécis, cette zône recevra des hachures de couleur rouge pour les faits de guerre, de couleur noire pour les conflits ordinaires. Le résultat moral de ces derniers sera formulé dans la zône qui lui est réservée.

La zône des Résultats généraux obtenus sera teintée :

1° En couleur Orange pour le pays ou le parti victorieux

2° En couleur Bistre pour le pays ou le parti vaincu.

La zône des pays conquis recevra également la couleur

orange, celle des pays perdus, la couleur bistre.

La simultanéité qui existe quelquefois dans certains faits élémentaires de même nature qui concourent aux mêmes Résultats ou Conséquences, tels que Évènements généraux, Guerres, Conflits, etc., est mise en évidence par la superposition de plusieurs papillons rectangulaires en carton portant chacun l'indication du théâtre de la lutte ou du conflit, et collés ensemble à leur origine chronologique sur le tableau général en regard de leur analyse historique commune.

Les opérations militaires relatives à chaque théâtre de la lutte seront représentées sur un extrait de la carte géographique.

La disposition sera comme ci-dessus celle de papillons rectangulaires en carton superposés, correspondant dans le même ordre à ceux de la description.

La stratégie générale des opérations y sera figurée d'après les principes suivants:

Leur origine ou la base d'opérations sera caractérisée par le chiffre 0, les lieux de batailles successives porteront uniquement des Nᵒˢ d'ordre successifs correspondant à ceux portés en regard des noms des batailles inscrits aux divers papillons du tableau.

La double parenthèse indique les batailles les plus importantes.

Les chiffres sans parenthèse indiquent de simples escarmouches.

Une ligne polygonale telle que:

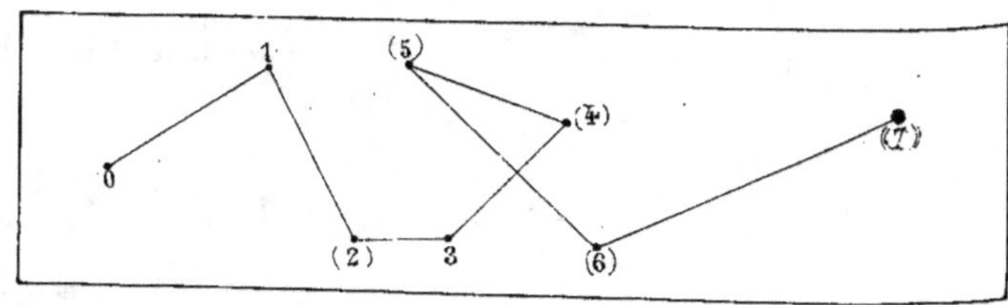

tracée et ainsi marquée sur la carte, présente le diagramme des engagements successifs.

Lorsque sur le même théâtre, il se présente plusieurs opérations militaires d'un caractère secondaire dirigées simultanément ou successivement, mais se greffant pour ainsi dire sur une opération magistrale, celle-ci conservera la couleur noire, les autres auront leurs diagrammes de couleurs différentes. Les noms des Généraux qui conduisent ces opérations seront caractérisés par des parenthèses de couleurs correspondantes. Les opérations simultanées auront leurs diagrammes de même couleur, les variations du trait ponctué les distingueront.

A la fin de chaque Époque historique et plus souvent, s'il y a lieu, figurera la carte générale de la délimitation des États, avec un Tableau de leur situation générale comparative, disposé suivant les principes qui sont exposés dans notre Méthode rationnelle pour l'étude de la Géographie.

Tableau C.

Tableau C.

Ce tableau présente dans chaque branche l'énoncé des Œuvres accomplies successivement par les Hommes illustres qui les ont créées.

Chaque zône horizontale présente donc la succession chronologique d'œuvres de même nature.

Ce tableau suit les variations de couleurs indiquant la succession chronologique des œuvres, comme au tableau B

En outre, lorsqu'une période dénommée siècle présente une agglomération saillante d'Hommes illustres en tout genre, la surface polygonale formée au tableau par l'ensemble de la consignation de leurs œuvres sera teintée couleur orange.

Quand il y aura lieu, à cause de l'importance de l'Œuvre d'un signaler provenant d'Hommes étrangers au pays dont on fait l'histoire, leurs Noms ainsi que leurs Œuvres seront écrits en couleurs : une légende annexée au tableau indiquera la concordance des couleurs avec les pays qu'elles représentent.

Combinaison

Combinaison

des deux analyses précédentes.

La coordination des deux analyses partielles que nous venons d'examiner successivement, donne par leur considération simultanée (tous les faits élémentaires étant marqués à l'intersection de leurs coordonnées) le tableau analytique complet des Évènements historiques.

La synthèse historique s'en déduit facilement. Elle se trouve résumée dans la surface rectangulaire formée par la partie de l'ordonnée et celle de l'abscisse que l'on considère.

C'est ce que nous représentons ci-dessous par l'inscription en diagonale faite dans chacun des rectangles extraits des tableaux B et C.

1° **Tableau B.**

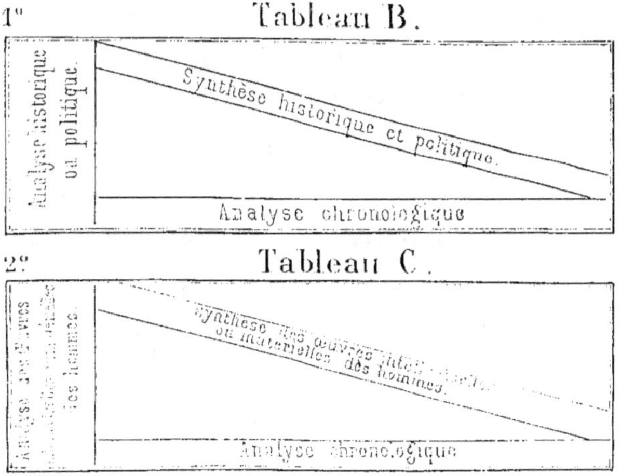

2° **Tableau C.**

Nota.

Les écritures aux tableaux ci-joints seront parallèles à l'abscisse chronologique.

Suivant l'abondance des Évènements à signaler dans la période d'une année, cette zône chronologique verticale sera plus ou moins large, et subdivisée en ses faits successifs.

Quand les Évènements ont leur origine et leur fin précisées à la date du jour où ils ont eu lieu, mention en sera faite sur l'échelle chronologique.

On fera usage pour dresser ces tableaux avec régularité de papier teinté et quadrillé.

Chaque partie des tableaux B et C formera par Époque un tableau continu avec sa couleur de classification.

Ce tableau, plié en paravent, sera contenu dans une couverture ayant pour titre, outre la désignation de la partie des tableaux B et C, celle de la Partie et de l'Époque chronologique, avec leurs couleurs de classification.

Les papillons superposés établissant la simultanéité des faits, ont leur dimension verticale constante, la dimension horizontale seule est variable suivant la période de temps où cette simultanéité existe. Ils seront donc préparés d'avance, en bandes dont on prendra la longueur nécessaire. Les papillons superposés ont tous la même longueur : ils forment cahier dont le dos fixe est collé sur le tableau général suivant l'Ordonnée à l'origine commune des faits qui y sont consignés ; la rive verticale de chaque papillon est découpée en redan rectangulaire. Ces redans sont échelonnés de manière que chaque papillon se détache facilement. La partie saillante reçoit la désignation spéciale du fait analysé dans le papillon.

Désideratum.

Desideratum.

Quand l'Histoire d'un Peuple aura été entièrement écrite sous cette forme symbolique, et que l'on pourra alors en dresser la carte générale murale qui aura environ 2^m50 de hauteur (les tableaux B et C réunis comme au tableau général A) sur une longueur, pour l'Histoire de France par exemple, qui sera de 160 mètres environ, on donnera, à ce tableau général la forme parallélogrammique, les ordonnées inclinées à 45° sur l'abscisse horizontale, afin de faciliter la lecture des écritures qui seront alors parallèles à cette direction. Chaque Époque formera l'objet d'un tableau continu, ayant la disposition générale de la figure ci-dessous. Pour faciliter la concordance des lectures entre l'analyse historique et les faits qui s'y rattachent, une planchette ayant la forme d'une équerre évidée à 45°, portera sur son hypoténuse cette analyse d'entrée, que l'on pourra transporter à une époque quelconque en la faisant glisser le long de la tige de fer qui la tiendra suspendue par des crochets.

Tel est le desideratum que formuleront avec nous les Professeurs et les Élèves de nos grands Établissements d'Instruction publique.

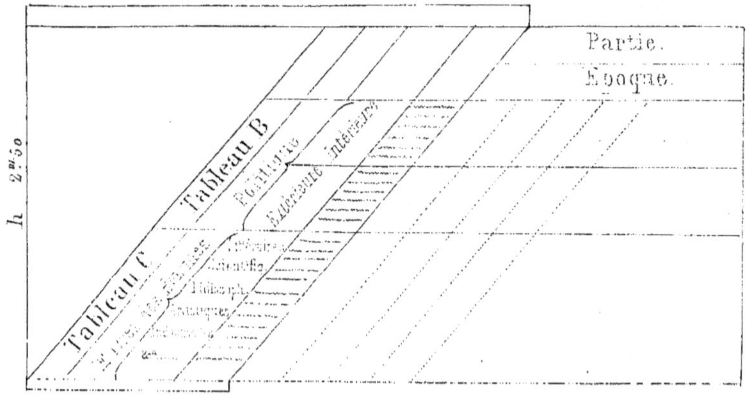

TABLEAU GÉNÉRAL

A

Histoire universelle.

Correspondance chronologique des couleurs

Couleur	N°
Bleu	1
Rouge	2
Vert	3
Jaune	4

	1ère Partie — Histoire ancienne. (Depuis le commencement du Monde jusqu'au partage de l'empire Romain (395).)			2e Partie — Histoire du Moyen-âge. (Depuis le partage de l'Empire Romain à la mort de Théodose le Grand jusqu'à la prise de Constantinople par les Turcs (1453).)			3e Partie — Histoire moderne. (puis la prise de Constantinople par Mahomet II (1453) jusqu'à la Révolution Française (1789).)				4e Partie — Histoire contemporaine. (Depuis la Révolution Française (1789) jusqu'à nos jours.)			
Époque	1ère Époque	2e Époque	3e Époque	1ère Époque	2e Époque	3e Époque	1ère Époque	2e Époque	3e Époque	4e Époque	1ère Époque	2e Époque	3e Époque	4e Époque
Sujet	Histoire ancienne de l'Orient.	Histoire grecque jusqu'à la conquête.	Histoire romaine jusqu'au partage.	Invasion des Barbares.	La Féodalité.	Les Croisades.	La querelle de l'État de Léon X.	La Réforme.	Le siècle de Louis XIV.	Le XVIIIe siècle.	La Révolution et le 1er Empire.	La Restauration des Bourbons.	La 2e République et le 2e Empire.	La République.
Dates	[illegible]	[illegible]	[illegible] à 395	395 à 800	800 à 1095	1095 à 1328	1328 à 1517	1517 à 1648	1663 à 1715	1715 à 1789	1789 à 1815	1815 à 1848	1848 à 1870	1870
Tableau B — Politique — Intérieure : Dynasties														
Règnes														
Organisation Gouvernementale														
Situation générale														
Événements généraux														
Faits divers														
Guerres ou Conflits														
Situation Religieuse														
Extérieure : Événements généraux														
Faits divers														
Guerres														
Diagramme des opérations militaires														
Situation comparative des États														
Tableau C — Œuvres des Hommes : Littéraires														
Scientifiques														
Philosophiques														
Artistiques														
Industrielles														
etc.														

TABLEAU B

N.º 1.

Partie de l'histoire.			
Époque.			
Dynasties.			
Règnes (siècle).			

			Forme de gouvernement
Politique	intérieure	Organisation.	Forme de gouvernement
			Représentation du pays
			Administrative
			Financière
			Judiciaire
			Universitaire
			Législative
			Ecclésiastique
			Maritime
			Militaire
			Police
		Situation générale.	de l'Agriculture
			de l'Industrie
			du Commerce { intérieur / d'exportation / d'importation }
			des Travaux publics
			des Revenus { directs / indirects }
			de la Dette publique
			Statistique générale
			Esprit général de l'époque
			Mœurs de l'époque
			Economistes et Réformateurs
			Progrès général

TABLEAU B

N° 2.

Politique intérieure.

- **Événements généraux**
  - leur origine
  - leur nature
  - Hommes d'État
    - pour
    - contre
  - Conséquences

- **Faits Divers.**
  - leur nature
  - Personnalités en présence
    - parties
    - parties adverses
  - Résultats

- **Guerres ou Conflits.**
  - Causes
  - Hommes qui les ont suscités
    - Contrée ou parti pour
    - Contrée ou parti adverse
  - Pays ou partis en présence
    - Contrée ou parti pour
    - Contrée ou parti adverse
  - Caractère de la lutte ou du conflit et sa dénomination générale
  - Théâtre de la lutte ou du conflit
    - Batailles ou Conflits
    - Généraux ou Chefs de partis
      - parti pour
      - parti adverse
    - Résultat
  - Traité, paix ou convention
  - Résultats généraux
  - Contrées ou Bénéfices
    - acquis
    - perdus

- **Situation religieuse.**
  - Religion professée
    - Hommes éminents
    - leurs actions
  - Réformes
    - Hommes éminents
    - leurs actions
  - Conflits

Diagramme des guerres

TABLEAU B

N° 3.

Politique extérieure.

Événements généraux.
- leur origine.
- leur nature
- Hommes d'État → Français / Étrangers
- Conséquences

Faits divers.
- leur nature
- Personnalités en présence → parties / parties adverses
- Résultats

Guerres.
- Causes
- Hommes qui les ont suscitées → en France / à l'Étranger
- Pays → alliés à la France / ennemis.
- Caractère de la lutte et sa dénomination générale.
- Théâtre de la lutte
  - Batailles.
  - Généraux ou Amiraux → Français et alliés. / ennemis.
  - Résultat
- Traité ou paix
- Résultats généraux
- Pays → conquis / perdus
- Colonies → conquises / perdues
- Diagramme des opérations militaires.

TABLEAU C

N.º 1.

		Partie de l'Histoire.		
		Epoque		
		Règnes (siècle)		
		Histoire	Œuvres	
			Auteurs	
		Mémoires	œ.	
			a.	
		Poésie	œ.	
			a.	
		Tragédie et Comédie	œ.	
			a.	
		Éloquence du Barreau.	œ.	
			a.	
Œuvres des hommes.	Littérature.	Éloquence de la Chaire.	œ.	
			a.	
		Morale	œ.	
			a.	
		Philologie	œ.	
			a.	
		Épigraphie	œ.	
			a.	
		Archéologie	œ.	
			a.	
			œ	
			a	
			œ	
			a	

TABLEAU C

N° 2.

Oeuvres des hommes	Sciences		Œuvres	Auteurs
		Mathématiques	Œuvres	Auteurs
		Physique	Œ.	a.
		Chimique	Œ.	a.
		Naturelles — Zoologie	Œ.	a.
		Naturelles — Botanique	Œ.	a.
		Naturelles — Géologie	Œ.	a.
		Mécanique	Œ.	a.
		Astronomie	Œ.	a.
		Géodésie	Œ.	a.
		Géographie	Œ.	a.
		Médecine	Œ.	a.
		Chirurgie	Œ.	a.
		Vétérinaire	Œ	a
		Pharmacie	Œ	a

TABLEAU C

N.º 3.

Œuvres des hommes.

Sciences morales et politiques.

Philosophie — spéculative
Philosophie — Morale
Philosophie — Théologique
Législation
Droit
Economie — politique
Economie — industrielle

Œuvres — philanthropiques
Œuvres — diverses

Découvertes — géographiques
Découvertes — astronomiques
Découvertes — diverses

Inventions diverses

Œuvres	
Auteurs	
Œ.	
A.	
Œ.	
A.	
Œ.	
A.	
Œ.	
A.	
Œ.	
A.	
Œ.	
A.	
Œ.	
A.	
Œ.	
A.	
Œ.	
A.	
Œ.	
A.	
Œ.	
A.	
Œ.	
A.	
Œ.	
A.	

TABLEAU C

N.º 4.

Œuvres des hommes.

Beaux-Arts
- Technologie
- Esthétique.
- Architecture
  - civile
  - militaire
  - religieuse
- Sculpture
- Peinture
- Gravure
- Reproductions diverses.
- Musique

Art
- Militaire
- Naval

	Œuvres
	Auteurs
Technologie	Œ.
	A.
Esthétique	Œ.
	A.
Architecture — civile	Œ.
	A.
Architecture — militaire	Œ.
	A.
Architecture — religieuse	Œ.
	A.
Sculpture	Œ.
	A.
Peinture	Œ.
	A.
Gravure	Œ.
	A.
Reproductions diverses	Œ.
	A.
Musique	Œ.
	A.
Militaire	Œ.
	A.
Naval	Œ.
	A.
	Œ.
	A.
	Œ.
	A.

TABLEAU C

N.º 5.

				Œuvres
Œuvres des hommes	Travaux publics	Voies de communication	de terre	Auteurs
				x
			par eau	a
				x
		Ports et phares		a
				x
		Navigation	intérieure	a
				x
			maritime	a
				x
		Machines		a
				x
		Amélioration du sol		a
				x
		Travaux hydrauliques		a
				x
	Industrie	Agricole		a
				x
		Manufacturière		a
				x
		Commerciale		a
				x
		Extractive		a
				x
		Constructive		a
				x
				a

Cette méthode scientifique, essentiellement pratique, consiste à représenter

UNIVERSITÉ DE FRANCE

INSTITUT NATIONAL HISTORIOGRAPHIQUE, GÉOGRAPHIQUE & SCHÉMATIQUE DE FRANCE

Fondé en 1880, par M. A. COLLIN, Directeur de cet Institut

Pour satisfaire au désir qui nous a été exprimé par quelques personnes, peu habituées, sans doute, aux dénominations techniques, qui nous ont demandé ce que c'était que la **NOUVELLE MÉTHODE RATIONNELLE** d'**HISTOIRE UNIVERSELLE** qui est en honneur et en usage depuis 1881, dans presque tous les Etablissements d'Instruction publique, en France, ainsi que dans plusieurs pays étrangers, nous avons répondu que cette **Méthode générale, Scientifique et Naturelle de Classification Historique**, c'est la **Carte Historio-graphique**, ou l'**Art** d'apprendre **agréablement** et avec **fruit**, l'Histoire de toutes les Nations, par le **dessin**.

Toutes ces personnes ont compris immédiatement l'**utilité** et les **avantages** qu'il y avait à suivre cette **Méthode** qui est d'ailleurs tout ce qu'il y a de plus **simple**, de plus **clair**, de plus **précis**, et dont l'**Image** saisissante s'embrasse d'un seul coup d'œil en laissant dans l'esprit un souvenir ineffaçable.

Cet ouvrage a été approuvé par une Commission spéciale du Ministère de l'Instruction publique, en Décembre 1882. Par lettre officielle en date du 28 Décembre 1882, M. le Ministre de l'Instruction publique nous a fait le grand honneur de nous faire connaître que la Commission Universitaire chargée de l'examen de cet ouvrage, avait reconnu qu'il était destiné à rendre dans l'enseignement et l'étude de l'Histoire de toutes les Nations, les plus **grands services**. (Voir les comptes rendus analytiques Officiels qui en ont été faits, dès 1881, dans les divers journaux de l'Instruction publique). (1)

Tous les hommes compétents ont reconnu, en effet, que cet ouvrage était aussi **indispensable** pour apprendre l'Histoire **facilement** et avec **fruit**, que les Cartes en Géographie. C'est, en effet, l'**Art** didactique **Historio-graphique** qui a constitué l'agrégation naturelle harmonique des parties intégrantes de l'Histoire de toutes les Nations.

Les **Principes Mathématiques** sur lesquels repose cette **Méthode**, dont le **plan Géométrique** constitue la véritable **Synthèse** Philosophique, Scientifique, Naturelle et Intégrale de l'Histoire de tous les Peuples, ont rendu **concrets et tangibles** tous les **Faits Historiques** qui se trouvent ainsi enchaînés mutuellement et naturellement dans un **Ordre** uniforme, parfait et harmonique, au lieu d'être, comme jadis, disséminés dans un dédale, et un amas confus d'**abstractions** et d'incohérence extrêmes. C'est l'enseignement par les **Faits**, où la confusion fait place à l'**Ordre**, la fiction à la **réalité**.

Il n'est plus aujourd'hui et depuis longtemps, de personne douée de quelqu'instruction, qui ne connaisse cette **Méthode Historio-Graphique :** tous les gens intelligents sont heureux, en effet, de profiter des précieux avantages et des excellents résultats que son usage produit, en rendant l'étude de l'Histoire **attrayante** et **fructueuse.** Aussi nous en ont-ils exprimé à plusieurs reprises, leur satisfaction et leur reconnaissance.

Agréez, M   , l'assurance de notre considération très distinguée.

Le Directeur de l'Institut National Historiographique, Géographique et Schématique de France,

A. Collin

---

(1) Donation a été faite par l'auteur, à l'Etat, en mars 1883, d'une série d'exemplaires de cet ouvrage, pour tous les Etablissements d'Instruction publique et les Bibliothèques scolaires. — Nous vous prions, M   , de nous accuser réception de l'exemplaire de l'ouvrage qui a été envoyé à votre Etablissement.   Le Directeur, A. COLLIN.   Paris   , 15 Décembre 1888

REMARQUES & RÉFLEXIONS

Faites à propos de la Nouvelle Méthode Rationnelle d'Histoire Universelle de M. A. COLLIN

Ouvrage adopté par l'Université (Décembre 1882)

1° Cette **Méthode**, a dit M. Frédéric PASSY, Membre de l'Institut, c'est la **Boussole** de l'**Histoire**, c'est la **Méthode** de la **Raison** et du **bon sens**: il faudrait être dénué d'intelligence pour ne pas la comprendre.

2° Il serait aussi **absurde** d'apprendre l'Histoire sans cette **Méthode**, que si l'on avait la prétention ridicule de vouloir apprendre, par exemple, l'Arithmétique sans Chiffres! l'Algèbre sans Formules! la Géométrie sans Figures! la Descriptive sans Epures! le Calcul Infinitésimal, la Mécanique rationnelle, l'Architecture, etc. sans Formules! sans Figures! sans Dessin!... la Géographie sans Cartes!...

3° Dans **une heure**, avec cette **Méthode**, l'on en apprend **plus** et **mieux** que dans **trois heures** sans Méthode.

4° Cette Méthode donne et développe le goût des études Historiques en les rendant **attrayantes, faciles** et **fructueuses**; tandis que sans Méthode, l'on se donne bien du mal à apprendre vainement l'Histoire par cœur, comme des perroquets, et l'on n'en retient par suite que des mots incohérents, des phrases creuses et vides de sens. Dans cette alternative inévitable, il reste au lecteur à choisir.

5° Cette Méthode est, d'ailleurs, le véritable **LIVRE d'OR** de l'Histoire de toutes les Nations. Elle élève la pensée et conduit l'esprit avec une certitude mathématique, avec **ordre** et **précision** dans la voie droite de la Vérité. Avec Elle on parcourt comme en chemin de fer les belles et larges routes de l'Histoire de tous les Peuples. Ne pas la suivre, ce serait donc comme si l'on oubliait qu'il y a des routes et des chemins de fer, et que l'on vienne à s'attarder dans les broussailles et les fondrières!........ au lieu de suivre les bonnes voies.

6° Le **Surmenage intellectuel** ou de **mémoire**, ce qui est tout un, qui est comme on le sait, la conséquence naturelle d'études qui restent à l'état indigeste faute d'**Ordre** et de **Méthode**, se trouve entièrement annulé par l'usage de cette **Méthode** qui a mis de l'**Ordre** dans le dédale de l'Histoire, conformément aux vœux de l'**Université**. Il y a donc là, comme on le voit, une amélioration sérieuse et utile, au sujet de laquelle un grand nombre de personnes nous ont exprimé leur profonde reconnaissance.

7° Il résulte des communications qui nous ont été adressées de tous les pays civilisés, à l'occasion du grand concours général international ouvert par l'Institut, le 28 Juillet 1888, qu'il est universellement reconnu, qu'il n'y a et peut y avoir qu'une **seule** et **unique MÉTHODE RATIONNELLE d'HISTOIRE UNIVERSELLE**, de même qu'il n'y a qu'un **seul** et **unique Système** vrai qui régit l'Harmonie générale des Mondes de l'Univers, d'après les Lois de Newton et de Laplace. Cette conclusion est la même, également, pour ce qui concerne les autres Méthodes Rationnelles de Coordination générale, dont M. A. COLLIN est l'auteur.   **J. M. S. M.**

Ouvrages de M. A. COLLIN, Ingénieur, Prof^r de Sciences Mathématiques, ancien Officier, à Rouen

NOUVELLES MÉTHODES RATIONNELLES GÉNÉRALES, SCIENTIFIQUES, GRAPHIQUES, ANALYTIQUES, SYNTHÉTIQUES, & NATURELLES
de CLASSIFICATION des connaissances UTILES et INDISPENSABLES à connaître

Histoire Universelle (1) 8 fr.	Chimie	Agronomie	Economie industrielle
Géographie Universelle	Mécanique théorique	Astronomie	id. commerciale
Arithmétique	id. appliquée	Constructions civiles	Droit
Algèbre	Machines	id. maritimes	Législation
Géométrie pure	Hydraulique	id. militaires	Jurisprudence
id. appliquée	Topographie	Architecture	Rhétorique
Trigonométrie	Géodésie	Arts décoratifs	Philologie
Géométrie analytique	Botanique	Beaux-Arts	Philosophie
Calcul différentiel et intégral	Zoologie	Arts industriels	Grammaire gén^{le} et comparée
Stéréographie	Géologie	Histoire de l'Art	Art et Histoire militaires
Stéréotomie	Minéralogie	Monuments historiques	Morale
Stéréométrie	Hydrologie	Archéologie	Lexicographie générale
Physique	Météorologie	Economie politique	Esthétique générale

Les **plans** de toutes ces **Méthodes géométriques** ont été dressés par M. A. COLLIN, dès 1871. Avec ces **Méthodes Scientifiques**, nous avons fait des hommes qui occupent aujourd'hui de hautes positions.

(1) Le premier de ces ouvrages a été publié en 1881; les autres, terminés aujourd'hui, vont être publiés incessamment. Ce sont tous des **Guides pratiques** précieux, car ils conduisent **sûrement** et **rapidement** dans l'étude des Sciences.

Les personnes qui souscrivent dès à présent à ces différents ouvrages, en nous faisant connaître ceux qu'elles désirent, jouiront d'une réduction de 10 % sur les prix courants, lesquels sont compris entre 6 fr. et 20 fr., suivant le développement que chaque Science nécessite pour y être présentée intégralement : **Science oblige.**

Il importe de remarquer que tout ce qui a été dit, et que nos lecteurs connaissent parfaitement au sujet de **Méthode Rationnelle d'Histoire universelle**, s'applique identiquement à tous les autres ouvrages, ceux-ci étant édifiés à l'instar du premier. En résumé tous ces ouvrages sont **conformes aux nouveaux Programmes Officiels**: ils sont donc **indispensables** à toute personne qui désire apprendre **facilement, bien, vite**, avec **fruit**, ces différentes Sciences. Ces ouvrages sont seuls et uniques dans leur genre, ce qui en constitue la supériorité : Ce sont d'ailleurs les **vrais Classiques**, puisque tous les Eléments des **Sciences** y sont **méthodiquement classés**, suivant des **Lois** Mathématiques universelles, qui déterminent l'**Ordre** naturel des choses qui les constituent. Il n'y a en effet, dans chaque Science, qu'une **seule** et **unique** Méthode Rationnelle de Classification générale, ainsi que cela a été reconnu universellement en vertu du grand concours général international ouvert par l'Institut, comme on l'a vu plus haut.   **J. M. S. M.**

M. COLLIN, Editeur, rue Saint-Gervais, 11, à Rouen, (Seine-Inf^{re})

MÉTHODE
RATIONNELLE
D'HISTOIRE UNIVERSELLE

CONFORME AUX NOUVEAUX PROGRAMMES OFFICIELS
Par M. A. COLLIN, Professeur de Sciences Mathématiques

MEMBRE DE PLUSIEURS SOCIÉTÉS SAVANTES

OUVRAGE ADOPTÉ PAR L'UNIVERSITÉ

Approuvé par la COMMISSION du MINISTÈRE de l'INSTRUCTION PUBLIQUE,
pour l'admission dans les ÉCOLES du GOUVERNEMENT,
pour l'usage des Lycées, Collèges, Ecoles Normales et Professionnelles.
(Décision Ministérielle du 20 décembre 1882.)

APPRÉCIATION DE LA COMMISSION : « Cette œuvre scientifique, d'un très-grand mérite, présente des combinaisons très-ingénieuses en même temps que très-philosophiques. Aussi est-elle destinée à rendre dans *l'enseignement* et *l'étude de l'Histoire*, les plus grands services. »

Reflexio, Methedusque
Scientiarum sunt fundamenta.

Pour bien aimer la France, il faut la bien connaître; pour la bien connaître, il faut étudier son Histoire avec ORDRE, avec MÉTHODE.

En élaborant les nouveaux *Programmes Officiels*, le **Conseil supérieur** de l'**Instruction publique** exprima le *vœu* de voir l'enseignement de l'Histoire reposer, à l'instar de celui des Sciences, sur une « **Méthode rationnelle.** »

L'Histoire, en effet, ne reposait jadis sur aucune *Méthode* proprement dite, d'où la grande difficulté bien connue, inhérente à son étude, qui nécessitait des efforts *prodigieux et pénibles* de **mémoire**, sans produire ni **résultat** réel, ni aucun **fruit**.

La « **Méthode rationnelle d'Histoire universelle** » dont M. A. Collin est l'auteur, a comblé cette *grande lacune*, en répondant exactement au *vœu* exprimé par le **Conseil supérieur** : Cette « *Méthode scientifique* » a pour *but* et pour *résultat* pratique de *faciliter* et de rendre *fructueuse* l'étude de l'Histoire.

Les *Principes généraux* sur lesquels repose cette « *Méthode Historique* », analytique et synthétique, sont d'une *simplicité*, d'une *clarté*, d'une *précision* remarquables : Grâce à son esprit d'*unité*, d'*ordre*, de *généralité*, cette Méthode est, en effet, un puissant et précieux moyen de *cohésion*, de *fixité* et de *fécondité* dans l'étude de l'Histoire.

Dans son ensemble comme dans ses détails, Elle nous présente sous une forme *tangible* parlant clairement à *l'esprit* et aux *yeux*, l'enchaînement *harmonieux* et *logique*, l'agrégation *naturelle* et *intégrale* des Evénements, des Faits, de la Civilisation, des Institutions, des Œuvres de toute nature dont l'Histoire des Nations est dépositaire, depuis les *temps* les plus reculés jusqu'à nos jours.

Assise sur le terrain ferme de la *Méthode positive*, *intuitive* et de *raisonnement*, l'Histoire reposant sur ses *fondements naturels inébranlables*, se trouve érigée au niveau des *Sciences* :

Cette « Méthode scientifique » est, en effet, comme une **clef d'or** qui ouvre les *arcanes* de la « Science Historique ». « Et Progressu patet Vera Scientia. »

L'esprit est à l'aise dans cet *Edifice Scientifique*, à la fois *simple* et *grandiose* de l'Histoire.

Telles sont les appréciations élogieuses des Autorités Universitaires sur le mérite et l'utilité de cet ouvrage.

MM. les *Professeurs* et *Instituteurs* nous ont exprimé leur reconnaissance pour les *précieux services* qu'il leur rend : La Méthode, en effet, leur procure le grand avantage de les *alléger considérablement* dans leur tâche d'enseignement.

Les élèves trouvent un *charme* à cette étude, jadis si fatigante : La Méthode, en effet, éveille leur *attention*, les conduit à *réfléchir*, à *voir*, à *comprendre*, et par conséquent leur rend *attrayante*, *facile*, *fructueuse* et *durable* l'étude de l'Histoire.

« On n'a jamais vu construire d'*Edifice*, ni même la moindre maison, avec des matériaux jetés au hasard sur du sable mouvant; on ne peut pas, non plus, on le sait, édifier une instruction solide et durable sans *ordre*, sans *méthode* ni *lien* rationnel: comme toute *construction*, toute *instruction* demande à être, en effet, *une*, *homogène*, *harmonieuse* et *complète*. »

Non Scholæ sed Vitæ discimus.

Aussi, l'excellence de la « Méthode rationnelle d'Histoire universelle » a été consacrée à la fois par l'*adoption* de l'Université, et par les *grands succès* qu'elle a obtenus en France et dans plusieurs pays étrangers.

Toutes les *personnes* qui s'intéressent à *l'instruction* et à *l'éducation* de la jeunesse, nous ont également témoigné leur reconnaissance pour les *précieux services* que procure cette « *Méthode Historique* » qui élève la *pensée* vers le *bien*, le *vrai*, le *beau*. Grande et sublime *pensée*, car l'étude de l'Histoire a, en effet, un triple but : la *culture de l'esprit*, l'*éducation* de *l'âme*, le *développement* des sentiments patriotiques.

Tels sont les *heureux résultats* réalisés et obtenus par l'usage de cette *vaste* et *profonde* « Méthode » dans l'enseignement de notre Histoire Nationale, Méthode sans laquelle l'Histoire n'est, d'ailleurs :

« Qu'une confusion, une masse sans forme »

« Un désordre, un chaos, une cohue énorme. »

J. M. S. M.

Par la Science →

← *Pour la Patrie*

MÉTHODE
RATIONNELLE
D'HISTOIRE UNIVERSELLE

CONFORME AUX NOUVEAUX PROGRAMMES OFFICIELS

Par M. A. COLLIN, Professeur de Sciences Mathématiques

MEMBRE DE PLUSIEURS SOCIÉTÉS SAVANTES

OUVRAGE ADOPTÉ PAR L'UNIVERSITÉ

Approuvé par la COMMISSION du MINISTÈRE de l'INSTRUCTION PUBLIQUE,
pour l'admission dans les ECOLES du GOUVERNEMENT.
pour l'usage des Lycées, Collèges, Ecoles Normales et Professionnelles.
(**Décision Ministérielle du 20 Décembre 1882.**)

APPRÉCIATION DE LA COMMISSION : « Cette œuvre scientifique, d'un très-grand mérite, présente des combinaisons très-ingénieuses en même temps que très-philosophiques. Aussi est-elle destinée à rendre dans *l'enseignement* et *l'étude de l'Histoire*, les plus grands services.»

L'Analyse est la Base de toute Science. La Synthèse harmonieuse en est le beau idéal et le COURONNEMENT.

Pour bien aimer la France, il faut la bien connaître; pour la bien connaître, il faut étudier son Histoire avec ORDRE, avec MÉTHODE.

Cette *Méthode scientifique*, essentiellement pratique, consiste à représenter l'*Histoire des Nations* sous la forme de *Tableaux analytiques et graphiques*, donnant à chacune d'Elles son *plan synthétique historiographique*, à l'instar de sa *Carte géographique*.

C'est, en effet, la *Méthode d'analyse scientifique* appliquée à l'*Histoire*, dont tous les faits sont *coordonnés* d'après ses *Bases scientifiques naturelles* dans un *Tout harmonieux*, formant l'*Edifice complet* de la *Science Historique* reposant sur ses *fondements naturels inébranlables* et dont l'*Image saisissante* s'embrasse d'une *seule vue*, en laissant dans l'esprit un *Souvenir ineffaçable*.

La *Méthode* donne à l'Histoire une *précision* et une *clarté* précieuses, même dans les conflits et les guerres les plus complexes, et met en lumière la *véritable Moralité* des faits.

Les PROFESSEURS D'HISTOIRE *les plus distingués* ont constaté les nombreux avantages qui résultent de son emploi, avantages qui se résument ainsi :

1° Pour les PROFESSEURS :

La Méthode a l'avantage de leur procurer un GRAND ALLÉGEMENT dans leur lourde tâche d'enseignement de l'HISTOIRE.

PAR LA SCIENCE, POUR LA PATRIE.

2° Pour les ÉLÈVES :

La Méthode leur procure les précieux avantages d'apprendre l'HISTOIRE avec attrait, FACILEMENT, BIEN, VITE et AVEC FRUIT.

*Avec la Méthode, l'on enseigne à l'enfance,
En récréation, notre HISTOIRE DE FRANCE.*

Un Volume de TEXTE et un ATLAS de 9 TABLEAUX (grand format : TELLIÈRE, 22°/32°), Cartonnés d'une manière spéciale : Reliure mobile, formant Collectionneur économique, Serviette-Portefeuilles. (Système économique : Breveté S. G. D. G. en France et à l'Etranger). Le tout, Prix : **8** francs, Envoi franco de port (**colis postal**), contre mandat-poste joint à la demande.

Nous offrons cet ouvrage à MM. les Professeurs et Instituteurs, au Prix réduit de **7** francs, (expédié franco de port).

NOTA. — L'ouvrage est mis entre les mains des Elèves, à leur entrée dans les *classes de grammaire*; le même ouvrage leur sert jusqu'à la fin de leurs études. c'est-à-dire pendant **sept** années. (En gros, pour les Établissements d'Instruction publique, Prix, **7** francs).

Prière de communiquer à MM. les Professeurs d'Histoire et aux Elèves de votre Etablissement.

Les demandes sont adressées à M. Collin, Éditeur, **11**, rue Saint-Gervais, à Rouen (*Seine-Inférieure*).

L'HISTOIRE SANS

C'EST UN CHAOS

L'HISTOIRE

sans MÉTHODE c'est un CHAOS.

APPROUVÉE PAR LA COMMISSION,

POUR L'ADMISSION

DANS LES ÉCOLES DU GOUVERNEMENT

QU'EST-CE QUE L'HISTOIRE ?

Par cette méth[...] l'enfance.

UNE

GRANDE DÉCOUVERTE

LA

MÉTHODE RATIONNELLE

DE

L'HISTOIRE UNIVERSELLE

QUI EST DANS LA

SCIENCE HISTORIQUE

CE QUE SONT LES

MÉTHODES DE CLASSIFICATION

DANS LES SCIENCES NATURELLES, CHIMIQUES, PHYSIQUES, ETC., ETC.

Chaque science a sa méthode de classification qu'elle doit :

La BOTANIQUE	à	Antoine-Laurent DE JUSSIEU
ZOOLOGIE		George CUVIER
MINÉRALOGIE		HAUY
GÉOLOGIE		Élie DE BEAUMONT
CHIMIE		LAVOISIER
MÉCANIQUE		Robert WILLIS

etc., etc., etc.

L'HISTOIRE UNIVERSELLE

a aussi la sienne dont les principes sont exposés dans un ouvrage publié par

M. A. COLLIN, Professeur

MEMBRE DE PLUSIEURS SOCIÉTÉS SAVANTES

Par cette méth... l'enfance.